臧冬冬——著　　张扬——绘

# 古代科学实验室

## 古代人的高能日常

四川科学技术出版社

**图书在版编目（CIP）数据**

古代科学实验室 . 古代人的高能日常 / 臧冬冬著；
张扬绘 . -- 成都 : 四川科学技术出版社 , 2023.3
ISBN 978-7-5727-0903-6

Ⅰ. ①古… Ⅱ. ①臧… ②张… Ⅲ. ①科学史—世界
—少儿读物 Ⅳ. ① G3-49

中国国家版本馆 CIP 数据核字 (2023) 第 047984 号

# 古代科学实验室　古代人的高能日常
## GUDAI KEXUE SHIYANSHI　GUDAI REN DE GAONENG RICHANG

著　　者　臧冬冬
绘　　者　张　扬

出 品 人　程佳月
责任编辑　张　琪
助理编辑　颜琦芮
封面设计　宋晓亮
责任出版　欧晓春
出版发行　四川科学技术出版社
　　　　　成都市锦江区三色路 238 号　邮政编码：610023
　　　　　官方微博：http://weibo.com/sckjcbs
　　　　　官方微信公众号：sckjcbs
　　　　　传真：028-86361756
成品尺寸　185 mm × 260 mm
印　　张　6.75
字　　数　135 千字
印　　刷　三河市祥达印刷包装有限公司
版　　次　2023 年 4 月第 1 版
印　　次　2023 年 4 月第 1 次印刷
定　　价　88.00 元（全三册）

ISBN 978-7-5727-0903-6

邮购地址：成都市锦江区三色路 238 号新华之星 A 座 25 层　邮政编码：610023
电　　话：028-86361770

# 目录

# 古人怎么采珍珠?

❶ 先将珍珠蚌养在清澈的海水中。

❷ 等其开口时将"珠核"投进去。

❸ 两年后便可得到珍珠。

❹ 采珠人要戴上特制的弯管，弯管的一头罩住口鼻，以便呼吸。

❺ 腰间绑上绳子与船相连，带上篮子潜入海中，将采集到的珍珠蚌放入篮中。

❻ 如果采珠人感觉呼吸困难就摇动绳子，船上的人就会把他拉上来。

**读成语，记实词**

必：一定要。

志在必得：立志一定要获得。

课文链接：期在必醉。（《五柳先生传》，人教版八年级《语文》下）

❸ 从外部看，冰窖与其他建筑并没有区别，但从内部来看，冰窖的窖墙和屋顶都极厚实；因此具有很好的保温效果。

读成语，记实词

汤：热水。

如汤沃雪：像用热水浇雪一样。比喻事情非常容易解决。

课文链接：媵人持汤沃灌。（《送东阳马生序》，部编版九年级《语文》下）

# 水果保鲜哪家强?

❶ 很久很久以前,人们就利用地窖来储存食物。

❷ 梨子不怕挤压,可以采用堆叠法放置。葡萄皮薄多汁,需要悬挂储藏。

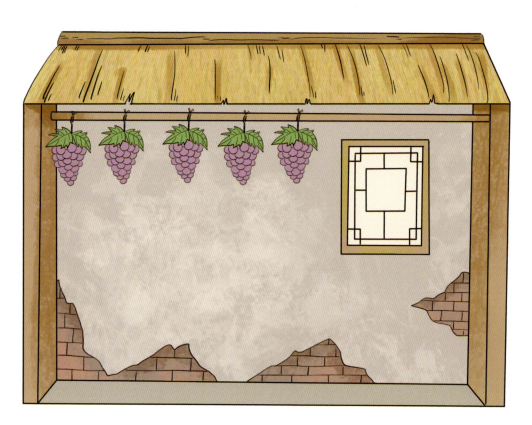

❸ 清代出现了大窖套着小窖的双层窖，其温度和湿度变化更小。人们还将冰块放入其中增强冷藏作用。

❹ 对于一些水果，还可以采用涂蜡法。涂蜡法就是在水果表面涂一层蜡，以减少水分的蒸发，从而达到保鲜的目的。

---

**读成语，记实词**

然：……的样子。

果不其然：果然如此。指事物的发展变化跟预料的一样。

课文链接：颓然乎其间者。（《醉翁亭记》，部编版九年级《语文》上）

# 古代做缝衣针，需要用铁杵磨吗？

你听说过"铁杵成针"的典故吧？古代的针难道真的是这么做出来的吗？当然不是，那样效率太低了，一根铁杵，能够做出来很多针呢！

针磨得好，才是真的好。

❶ 先取一个上面有小孔的铁尺。

❷ 然后把用来制针的铁块烧红并锤打成细条。

❸ 继续加热使铁条变软，再利用准备好的带小孔的铁尺，将铁条从孔中拉出变为铁丝。

所以你要不要试试味道？

真像拔丝红薯啊！

## 读成语，记实词

相：互相。

针锋相对：针尖对锋芒。比喻双方在策略、论点及行动方式等方面尖锐对立。

课文链接：其两膝相比者。（《核舟记》，部编版八年级《语文》下）

❹ 将铁丝逐寸剪断，一端锉尖，一端锤扁。在锤扁的那端钻出穿线的小孔，并打磨平整。

❺ 把半成品的针放到松木灰、豆豉、土末里面一起炒制，之后还要把炒过的混合物放到蒸笼里去蒸。盖上蒸笼之前，把两三根针插在混合物上，等到这两三根针露在外面的部分能够捻碎，就可以出锅了。

❻ 最后将蒸过的针进行淬火处理，使其不易断裂。冷却后，针就做好了。

9

# 古代怎么榨油？

❶ 采摘油料作物。古代的油料作物主要有芝麻、大豆、油菜等。

❷ 炒制。把油料作物的籽粒放入锅中炒制，这样更有利于出油。炒制的关键是要控制温度，火不能太大，否则最终做出来的油会有焦糊的味道。

❸ 榨油。有的地方用石碾子把炒干的籽粒压碎；也有的地方把由炒干的籽粒做成的坯饼放在木筒中，用木头撞击，这样油会顺着木筒上的小孔流到收集容器中。

# 古代没有订书机，书本怎么装订？

造纸术普及之后，竹简、木牍和帛书逐渐退出了历史舞台。在雕版印刷普及之后，书籍大量出现。古代没有订书机，一本书是怎么装订起来的呢？

卷轴装

**❶** 最早的装订形式是卷轴装。将每页纸裁成同样的高度，然后逐页用糨糊粘贴成长长的条幅，两头再加上木轴，卷轴就做好了。卷轴可以卷起来存放。

**❷** 长长的卷轴很不方便，后来出现了一种新的装订方式：经折装。将长卷纸反复折叠成手风琴状，前后再粘裱硬纸板或木板加以保护。

经折装

蝴蝶装

包背装

❸ 经折装书籍如果经常翻阅，折缝处容易断裂，于是人们又发明了蝴蝶装。把每张纸页从中缝处对折，让有字的两个半页向内，然后一张张对齐并在中缝处粘起来，最后用糨糊粘贴在包背纸上。

❹ 蝴蝶装的问题在于，书中有一半是空白页。于是人们又发明了包背装。将纸页从中间对折，让有字的两个半页向外，然后背对背粘贴起来，再将粘好的书页叠起来并于一侧粘贴起来，最后用较厚的纸或绢把前后两页和书脊都包起来。

线装

❺ 线装。将书页叠好后，书前后加封面，再在书脊处打孔穿线捆好即成，无须再刷糨糊。这是我们今天最常见的古书装订形式。

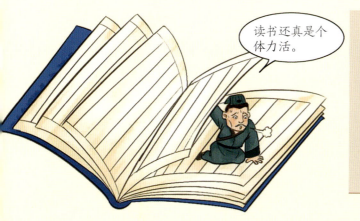

读书还真是个体力活。

**读成语，记实词**

绝：断。

韦编三绝：本指孔子勤读《易经》，致使编联竹简的皮绳多次脱断。后用来比喻读书勤奋，刻苦治学。

课文链接：伯牙破琴绝弦。（《伯牙鼓琴》，部编版六年级《语文》上）

# 古人怎么酿酒?

　　粮食发霉本来是件糟糕的事,可是古人无意中发现,发霉的谷物放置一段时间后会产生一种散发着奇异香味的液体,这就是酒。中国人最早酿造的酒是低度的米酒、黄酒。

好得很,发霉了。

❶ 制曲。麦粒洗净晾干后磨成粉,加水搅拌做成块状,饼块发酵产生黄色的霉菌,这就是酒曲。

> **读成语,记实词**
>
> 极:尽头,极点。
> 乐极生悲:快乐到顶点转而发生悲哀的事情。
> 课文链接:此乐何极。(《岳阳楼记》,部编版九年级《语文》上)

❷ 蒸饭。将米沥去浆水，取出，盛于竹箩内蒸熟后，摊晾冷却。

❸ 发酵。发酵缸中装上清水，放上一层蒸饭，再依次放入酒曲、蒸饭和水，搅拌均匀后静置一段时间。

喵，好香。

❹ 蒸馏。将澄清的酒液加热。

❺ 装坛。将酒液灌入酒坛中，盖上小瓦盖，用黏土封固坛口，干燥后运入仓库贮存。

# 竹子有什么用？

在古人的诗词中，竹子一般以风度翩翩的君子形象出现，而在宋朝文学家苏东坡的笔下，竹子还有以下八种实际的用途。

老夫的两室一厅住起来别有趣味。

❶ 庇者竹瓦。竹子可以做房顶，遮风挡雨。

## 读成语，记实词

修：长。

茂林修竹：指茂密高大的竹林。多形容幽雅秀丽的风景胜地。

课文链接：盖简桃核修狭者为之。（《核舟记》，部编版八年级《语文》下）

❷ 载者竹筏。竹子可以做成小船载人运输。

❸ 书者竹纸。以竹子为原料可以造纸。

咱家的书能把你的两室一厅填满！

④ 戴者竹冠。古代的冠帽要想有棱有角，要用竹丝、铁丝等做成框架撑起来。

⑤ 衣者竹皮。用竹皮、亚麻制作的夏衣凉爽透气。

⑥ 履者竹鞋。竹条也可以用来编织成鞋。

⑦ 食者竹笋。竹笋吃起来鲜嫩无比。

⑧ 爨者竹薪。竹子还可以当柴火烧。

17

# 古人怎么做蜡烛？

① 将竹筒破成两半，放在水里煮涨。

❷ 用小篾箍固定竹筒，用尖嘴铁杓装乌桕种子的油灌入筒中。

❸ 插进烛芯。

❹ 待蜡冻结后，顺筒捋下篾箍，打开竹筒，将烛取出。

古人用白蜡虫的分泌物做的白蜡，价格更高，所以蜡烛的蜡就是虫字旁啦！

古人秉烛夜游，良有以也。
——李白

---

### 读成语，记实词

旦：早晨。

秉烛达旦：点着蜡烛一直熬到早晨。比喻人辛勤工作直到第二天早上。

课文链接：旦辞爷娘去。（《木兰诗》，部编版七年级《语文》下）

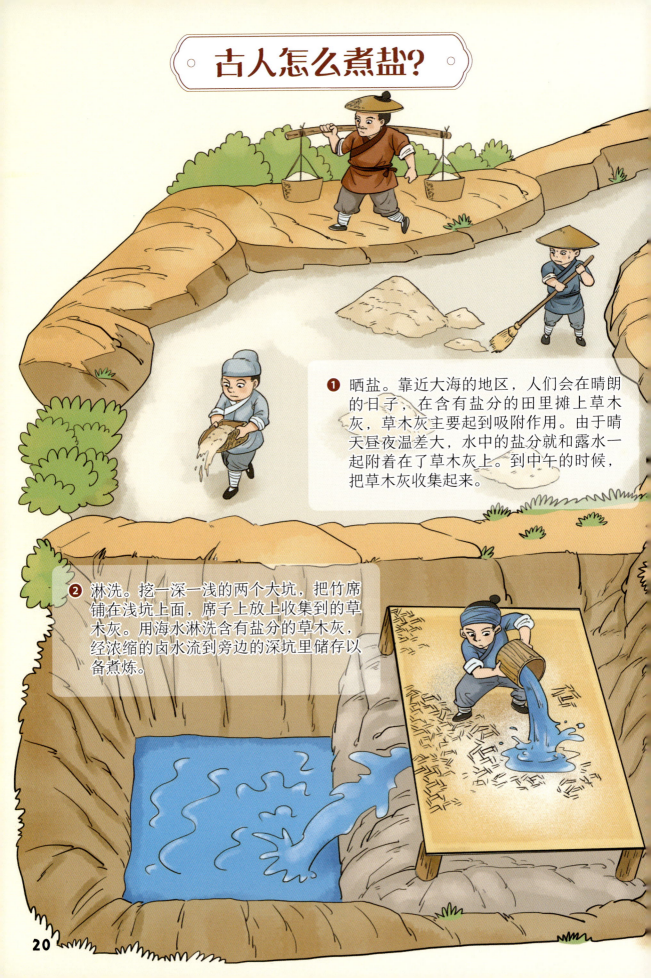

# 古人怎么煮盐？

❶ 晒盐。靠近大海的地区，人们会在晴朗的日子，在含有盐分的田里摊上草木灰，草木灰主要起到吸附作用。由于晴天昼夜温差大，水中的盐分就和露水一起附着在了草木灰上。到中午的时候，把草木灰收集起来。

❷ 淋洗。挖一深一浅的两个大坑，把竹席铺在浅坑上面，席子上放上收集到的草木灰。用海水淋洗含有盐分的草木灰，经浓缩的卤水流到旁边的深坑里储存以备煮炼。

**读成语，记实词**

并：一起。

水陆并进：水上和陆地上不分先后，同时进行。

课文链接：骨已尽矣，而两狼之并驱如故。（《狼》，部编版七年级《语文》上）

❸ 煮炼。煮盐的大铁锅叫"牢盆"，底部是平的。锅下面有十余个灶，所有的灶同时点燃柴火煮盐。煮盐时可以加入皂角促使盐分尽快结晶。

# 不靠海的地方怎么吃盐?

　　盐是生活中必不可少的调味品。前面我们已经讲了靠海的地方怎么制盐。那不靠海的地方怎么办呢?让我们一起来看看吧!

❶ 采盐的第一步就是打井。利用滑轮的原理先将铁椎吊起,再松开让其砸向地面,如此反复,直到砸出一个洞来。

❷ 当洞足够深了之后,铁椎就不够长了。聪明的古人改用巨大的竹子替代铁椎,将洞进一步加深直到打出卤水。

# 古人怎么提炼蓝色染料?

① 用刀将蓝草（蓼蓝、菘蓝、木蓝、马蓝等）的嫩茎和叶割下来。

② 浸泡采摘下来的蓝草的茎和叶子。

❸ 加入石灰，不停搅拌，经过化学反应，生成被称为靛蓝的蓝色物质，水逐渐变蓝。

劳动者是最美的！

这技术好！千年以后还能用！

❹ 搅拌到一定程度后停止，静置，把上面的水倒掉，底下沉淀的膏泥就是可以作为蓝色染料的靛蓝。

读成语，记虚词

于：从。

青出于蓝：原义指青从蓝草中提炼出来，但颜色比蓝更深。后比喻学生超过老师或后人胜过前人。

课文链接：将军身率益州之众出于秦川。（《隆中对》，人教版九年级《语文》上）

好搞笑……

尾巴变蓝啦？

# 金黄的稻穗，怎么变成白花花的大米？

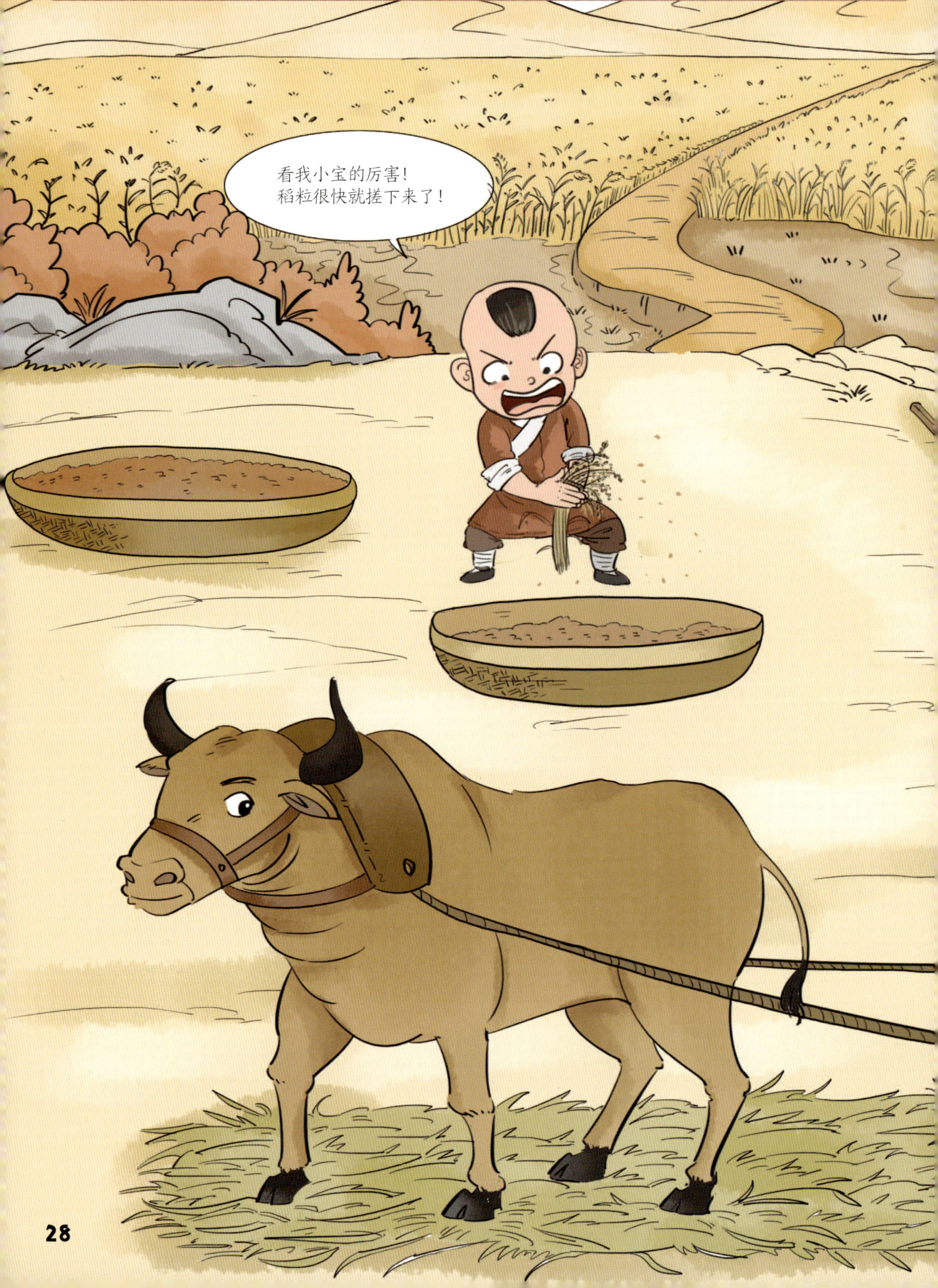

① 农民用镰刀从田里收割了稻子之后，用手把稻粒从稻穗上搓下来。

② 将稻谷脱皮。比较迅速的脱皮方式，就是用牛拉着石碾子，在稻谷上来回碾动。

❸ 将已经脱皮的稻粒，放在砻里磨。砻是一种像磨一样的木质工具，上下两层都有锯齿。用人力或者畜力转动砻，砻上的锯齿就会把已经脱下来的皮和稻谷粒揉搓分离。分离下来的稻皮被称为粗糠，谷粒被称为糙米。

好香呀!

今年的糠成色不错，喂俺家猪吃肯定长肉。

读成语，记实词

为：做。

巧妇难为无米之炊：本义指很能干的妇女没有米也做不出饭来。比喻缺少必要的条件，再能干的人也很难做成事。

课文链接：能以径寸之木为宫室。（《核舟记》，部编版八年级《语文》下）

④ 把糙米放入石臼中，用石杵细捣，得到精米，也就是我们现在日常吃的米。经过这一步从米上脱下来的碎皮叫细糠，在粮食不充足的时候，人也可以吃。石臼也可以用水碓来代替。水碓有个水车，靠溪流带动，也可以用人力踏板加以辅助。

臧冬冬——著　　张扬——绘

# 古代科学实验室
## 古代人的开挂科技

四川科学技术出版社

**图书在版编目（CIP）数据**

古代科学实验室.古代人的开挂科技/臧冬冬著；
张扬绘.--成都：四川科学技术出版社，2023.3
ISBN 978-7-5727-0903-6

Ⅰ.①古… Ⅱ.①臧… ②张… Ⅲ.①科学史—世界
—少儿读物 Ⅳ.① G3-49

中国国家版本馆 CIP 数据核字 (2023) 第 047985 号

# 古代科学实验室　古代人的开挂科技
## GUDAI KEXUE SHIYANSHI　GUDAI REN DE KAIGUA KEJI

| | | |
|---|---|---|
| 著　者 | 臧冬冬 | |
| 绘　者 | 张　扬 | |

| | |
|---|---|
| 出 品 人 | 程佳月 |
| 责任编辑 | 张　琪 |
| 助理编辑 | 颜琦芮 |
| 封面设计 | 宋晓亮 |
| 责任出版 | 欧晓春 |
| 出版发行 | 四川科学技术出版社 |
| | 成都市锦江区三色路 238 号　邮政编码：610023 |
| | 官方微博：http://weibo.com/sckjcbs |
| | 官方微信公众号：sckjcbs |
| | 传真：028-86361756 |
| 成品尺寸 | 185 mm × 260 mm |
| 印　张 | 6.75 |
| 字　数 | 135 千字 |
| 印　刷 | 三河市祥达印刷包装有限公司 |
| 版　次 | 2023 年 4 月第 1 版 |
| 印　次 | 2023 年 4 月第 1 次印刷 |
| 定　价 | 88.00 元（全三册） |

ISBN 978-7-5727-0903-6

邮购地址：成都市锦江区三色路 238 号新华之星 A 座 25 层　邮政编码：610023
电　话：028-86361770

# 目 录

# "戈"是一种什么兵器？

"戈"在古代指一种特定的兵器，也可以用来泛指武器或代指战争。

❶ 在原始社会，人们一般先将石块敲打成戈头，再在木棒上劈出一条缝，然后将戈头插入，最后用绳索将戈头和木柄扎紧。

❷ 在商朝，人们熟练掌握了青铜的冶炼方法，开始用青铜制作戈。戈的一侧有锋利的刃，穿在一根长木棍上使用。

成了！

❸ 到了战国时代，人们发现铁比青铜更加坚硬，戈也逐渐改用铁制。

❹ 后来，戈渐渐淡出兵器界，成为一种礼器。像西汉墓出土的金镈铜戈，顶部还装饰着鸳鸯。如今"戈"仍旧作为兵器的代表，保留在文字中。

读成语，记实词

兵：兵器。

厉兵秣马：喂饱马，磨快兵器。指准备作战。

课文链接：兵甲已足。（《出师表》，部编版九年级《语文》下）

# 在古代，家里有煤矿是种什么样的体验？

读成语，记实词

复：再，又。
死灰复燃：比喻已经停息的事物又重新活动起来（多指坏事）。
课文链接：余人各复延至其家。（《桃花源记》，部编版八年级《语文》下）

4

❶ 确定煤矿的位置后，先向下打一口斜井或者竖井。

❷ 当井深超过煤层后，先在煤层下方掏出一条通道，再向上敲打使煤层剥落。

❸ 工人下井前先将巨竹的竹节打通，末端削尖，插入煤层中，使瓦斯等气体顺着巨竹排出井外。

❹ 遇到地下水时，或用绞车向上提水，或利用地势向下排水，让矿区内的水流到矿区外。

❺ 将煤炭装筐，扛到通道口提上去。

# 原来中国早就是"基建狂魔"！

"蜀道难，难于上青天。"高高的秦岭把巴蜀地区跟关中地区隔离开来。后来古人经过持续不懈的努力，终于建造了一条方便通行的栈道，这就是褒斜道。它见证了许多动人的历史故事，比如：明修栈道，暗度陈仓，萧何月下追韩信，诸葛亮北伐，等等。古代木栈分为以下几种：

1. 无柱式：栈道下方没有立柱，完全凭插入山岩中的横梁来承载重量。

2. 平梁立柱式：在山间平坦处打一排立柱，在山岩表面钻一排洞，将一根根木桩横插进去，横梁上铺架木板，下面用立柱支撑。

3. 悬崖斜柱式：立柱不再垂直地面，而是一头斜插入山岩中，一头向上牢牢顶住上面横铺的木板，形成一个直角三角形。

无柱式

读成语，记实词

度：过。

明修栈道，暗度陈仓：比喻表面上佯装做某种事情，实际上却乘对方不备暗中搞别的活动。

课文链接：关山度若飞。（《木兰诗》，部编版七年级《语文》下）

# 古人怎么炼金?

❶ 将含黄金的矿砂倒入木质船形淘金盆中,在河水中不停地晃动冲洗。其中较轻的泥土就会随着河水漂出,而较重的石子、黄金颗粒则会被淘金盆上的特殊凹槽截留下来。

❷ 将水银与含有黄金颗粒的泥水混合,然后不停搅拌。水银与黄金颗粒发生反应,形成金汞齐,而石子、泥沙等杂物不会与水银发生反应,这样黄金就被分离出来了。

8

❸ 将金汞齐放入熔炉中加热。在高温的作用下，水银挥发，就剩下黄澄澄的金子了。

水银有毒

太呛了！

老大，这是水银，我们吸入会短命！

咱们是古人，不懂这些大道理。

由于提炼技术的原因，世界上并不存在100%的纯金，所以说"金无足赤"。

读成语，记实词

可：可以。

锲而不舍，金石可镂：只要坚持不停地用刀刻，就连金属和石头这样坚硬的东西也可以雕刻出花饰。

课文链接：刿曰"未可。"（《曹刿论战》，部编版九年级《语文》下）

❸ 巢车：用以登高观察敌情的瞭望车，车底装有轮子，可以推动。

❹ 云梯：搭到城墙上，用来攀爬攻城的工具。车底也有轮子，可以推到城下。

# 古代的船有哪些基本结构？

船帆背后有拉绳，可以控制帆像现在的窗帘一样升降，张挂程度可以随时调整。即使在海风中破损，仍旧可以发挥作用。

船帆

底板

### 读成语，记实词

津：渡口。

无人问津：没有人探问渡口。比喻无人来探索、尝试或过问。

课文链接：遂无问津者。（《桃花源记》，部编版八年级《语文》下）

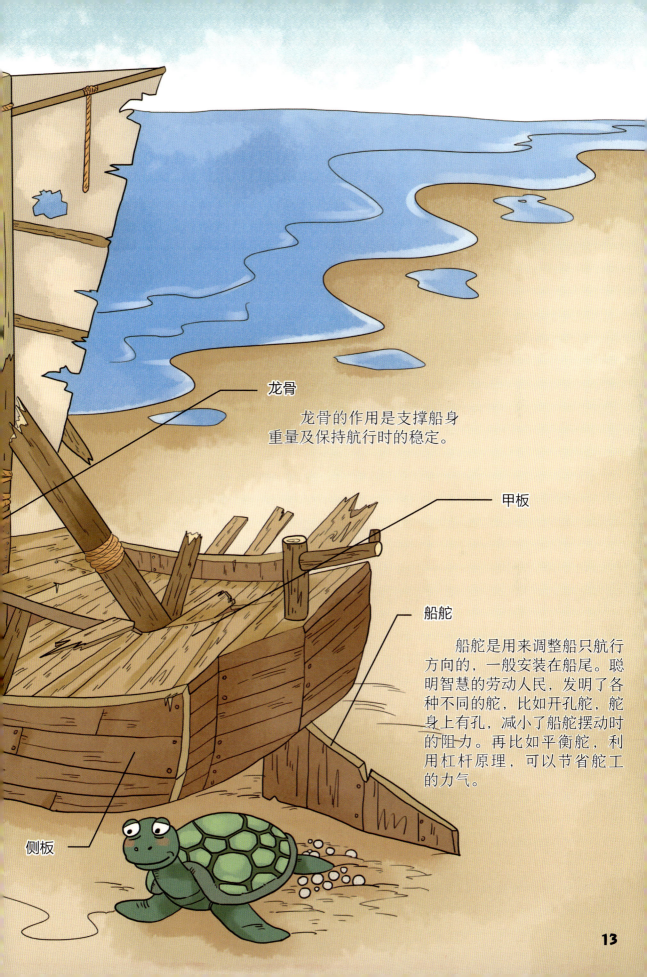

龙骨

龙骨的作用是支撑船身
重量及保持航行时的稳定。

甲板

船舵

船舵是用来调整船只航行
方向的，一般安装在船尾。聪
明智慧的劳动人民，发明了各
种不同的舵，比如开孔舵，舵
身上有孔，减小了船舵摆动时
的阻力。再比如平衡舵，利
用杠杆原理，可以节省舵工
的力气。

侧板

❶ 将石灰、细沙和黏土调和，制成钟的内模。

❷ 内模干燥后将用牛油和黄蜡制成的油蜡涂抹在内模外侧约几寸厚，抹平后在上面雕刻图案和文字。

哎呀，坏了，又把字儿写错了。

有人吗？我要点火了哦！

❸ 再将用舂碎和筛选过的极细的泥粉和炭末调成的稠糊一层层涂在油蜡外面作为外模。外模内外都彻底干透、硬实之后，用慢火烘烤，使模具里面的油蜡熔化流出。此时，内外模之间就是中空的了，形成钟模。

❹ 在钟模四周架起熔炉，将铜、锡、铅按一定比例投入炉中熔化。

❺ 在每个熔炉旁边开设槽道，槽道上接熔炉的出口，下接钟模的浇注口。熔化后的金属液沿着槽道像流水一样流入模具里。

完工！

❻ 金属液冷却后，砸碎外面的泥沙模具，就可以得到精美的大钟了。

## 读成语，记虚词

之：结构助词"的"。

弦外之音：比喻言外之意，指在话里间接透露、没有明说出来的意思。

课文链接：或异二者之为。（《岳阳楼记》，部编版九年级《语文》上）

# 秦始皇陵里的水银，要怎么提炼出来？

❶ 采矿。朱砂中含有水银。想要得到朱砂，首先要找到朱砂矿。

这些红色的石头真好看！

你知道吗？传说是龙的血滴在上面才这么好看。

❷ 研磨。把采集到的朱砂石，用石碾子磨成粉末。

❸ 澄朱。把朱砂粉放到清水中浸泡，得到的沉淀物晾干备用。

❹ 提炼水银。把沉淀物放在一个密闭的容器中，容器的盖子是特制的，盖子上连着一根金属管，下面生火。由于朱砂在空气中加热至一定的温度后就会分解成水银蒸气和二氧化硫，水银蒸气进入金属管中，在那里遇冷凝结，变成液体水银流到另外一个密闭容器内。

水银还可以还原为朱砂，只需要把它和硫黄一起加热即可。

# 什么？古人也懂“生态循环农业”？

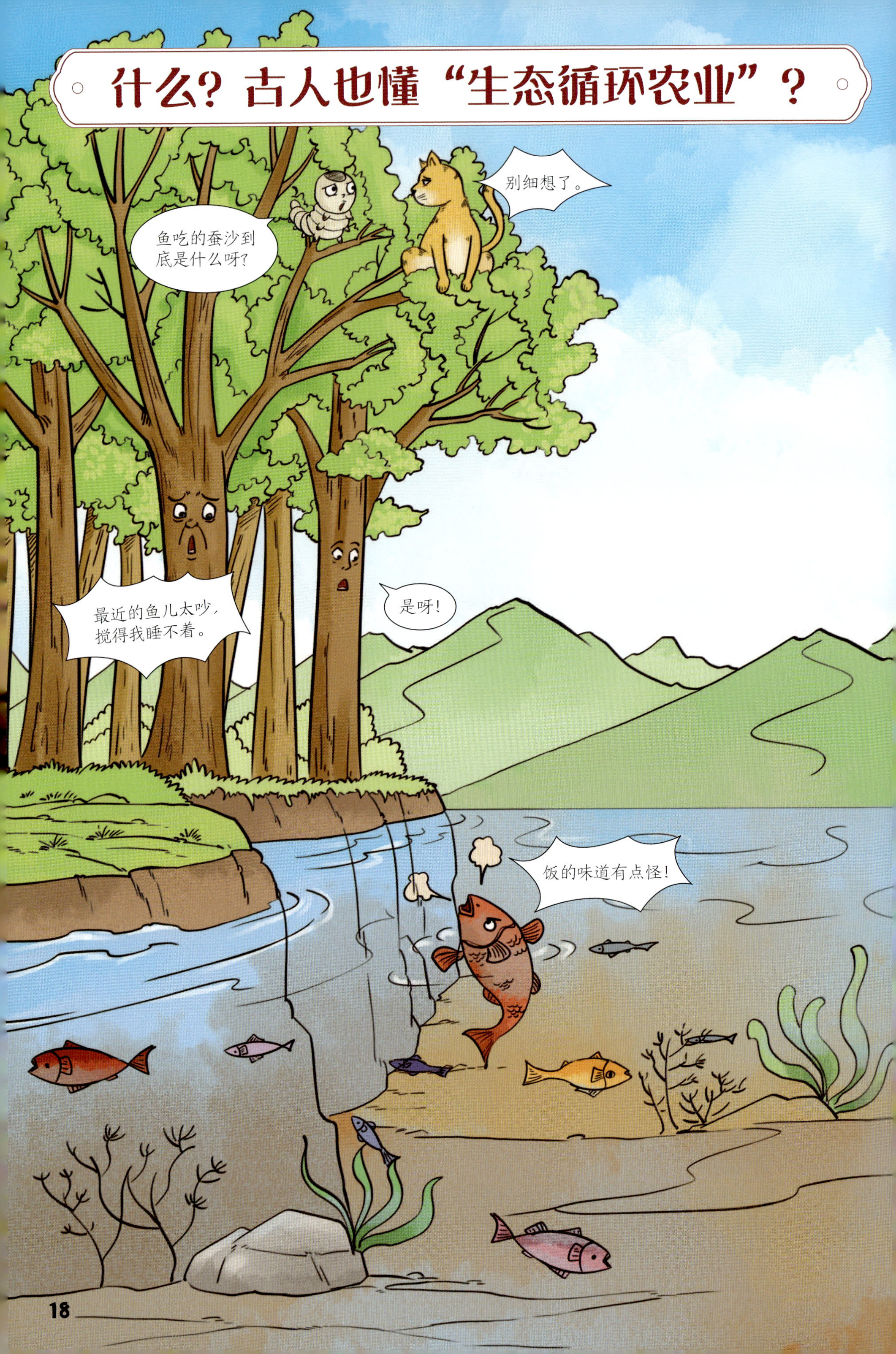

❶ 在地势低洼的地方挖鱼塘，将挖出的土在四周筑成塘基。

❷ 在塘基上种植桑树，塘里养鱼。

❸ 桑叶用来养蚕，蚕沙（即蚕粪）用来养鱼，鱼塘的塘泥又可以当作桑树的肥料。

　　"桑基鱼塘"模式被联合国教科文组织誉为"世间少有美景·良性循环典范"。

读成语，记实词

及：到。
殃及池鱼：比喻无缘无故地遭受祸害。
课文链接：及郡下。（《桃花源记》，
部编版八年级《语文》下）

21

尺寸刚刚好。

❷ 把熟铁打成若干一指宽、三指长的薄片。

❸ 把这些薄片堆叠捆扎包紧，铺一层生铁在上面，再覆盖一层沾有泥土的草垫，在熟铁的下面涂上泥浆。

好像巧克力夹心饼干。

読成语，记实词

恨：遗憾。

恨铁不成钢：比喻对寄予希望的人不成器或达不到要求而焦急不满。

课文链接：未尝不叹息痛恨于桓灵也。（《出师表》，部编版九年级《语文》下）

❹ 放进熔炉里使劲鼓风，达到一定温度时，生铁和熟铁互相融入。

❺ 用铁锤锤打后，再次投入熔炉熔化，再取出锤打。经过多次反复锤炼，最后得到钢，俗称"团钢"，也叫"灌钢"。

# 古人怎么造纸?

**①** 先把竹子在水里泡一百天以上。

**②** 把浸泡后的竹子取出来，用木棒不断捶打，脱去竹子表面的粗壳和青皮。

**③** 把石灰调成灰浆，和竹子一起放入木桶，煮上八天八夜。清洗这些糊状物，拌上柴火灰，放在釜中按平。

❹ 将竹泥倒入装满清水的抄纸槽内，双手拿抄纸帘在水中摇晃，直到纸纤维在帘子上形成一个纸膜。

❺ 把帘子上的纸膜取下，一张张叠好，用木板盖住，压上石头，并用绳子固定好。这一步是为了把纸张里的水挤压出来。

读成语，记实词

临：靠近。

临池学书：相传东汉张芝学习书法很勤奋，家中衣帛都被写上字，然后再煮白；他在池边学书法，池水都被染黑了。后人用以代指学习书法。

课文链接：临溪而渔。（《醉翁亭记》，部编版九年级《语文》上）

❻ 把成形的纸贴在事先建好的空心墙上，在墙中间的夹缝中生火，把成形的纸烤干，即得成纸。

我也在这儿，我是贴烧饼的……嘿嘿

# 古代的"铸币厂"怎么工作？

① 炼铜。先把铜熔化，按一定比例加入金属锌，将它们熔在一起后，得到黄澄澄的金属液。

② 雕母制作。用锡块雕刻出若干个钱模。

**读成语，记虚词**

以：连词。

如愿以偿：按照自己的心愿而得到满足。指实现了自己的心愿。

课文链接：以此自终。（《五柳先生传》，人教版八年级《语文》下）

❸ 制范。用四根木条做空框，中间填上细泥和炭粉，将母钱正面排在这些空框中，再取一个同样的木框填满细泥和炭粉，盖在这一层上，将母钱的反面排在空框上。把木框正反两面的泥灰都压实之后，将母钱取出。如此层叠累加达数十层之多，上面留出浇口，用绳捆紧加固。

让开！好烫！

❹ 浇铸。用鹰嘴钳把装有金属液的坩埚夹出来，将金属液灌进去。

金属液冷却后，解开绳子，打开木框，得到一整版排列整齐的钱币，像是摇钱树。

❺ 挫钱。将钱币取出，从"枝"上一一剪断，用竹条把钱币穿起来，用铁锉打磨边缘，再一一磨光滑。

磨锉铜币，不亮也光。

# 古代"豪车"有什么标准？

古人对"豪车"的要求是多方面的。

❶ 零部件都要按一定的大小和比例制造，否则小部件带不动大部件，车子就容易破损、断裂。

❷ 对造一辆古代马车来说，最关键的是制造车轮。车轮做得好，马车驾驶起来才能又快又稳。聪明的古人发明了一种简便的检验方法，就是把两个轮子放到水里，这样能检查出两个车轮的重量是否均匀。

❸ 制造车轮的关键技术叫"輮"，"輮"指的是把木条弯曲拼合成圆形。经过这样处理的木头，就不能恢复原来的形状了。正如《劝学》中所说："木直中绳，輮以为轮，其曲中规。虽有槁暴，不复挺者，輮使之然也。"

❹ 古代造车的人分工很细，负责制造车轮的人叫"轮人"；负责制造车厢的人叫"舆人"；负责制造车辕的人叫"辀人"。

❺ 好车还得配好马。好马体型上比普通马大，所用车辕尺寸上就有差别，所以在造车之初就得想好以后是用好马拉还是用普通马拉。

明天就坐这个上班去，嘿嘿。

読成语，记实词

既：已经。

一言既出，驷马难追：一句话说出了口，就是套四匹马的车也追不回。形容话说出之后，无法再收回。强调说话要算数，不能反悔。

课文链接：既罢，归国，以相如功大，拜为上卿。（《廉颇蔺相如列传》，部编版高中《语文》必修四）

# 一百多年前的文物建筑，现在还能用？

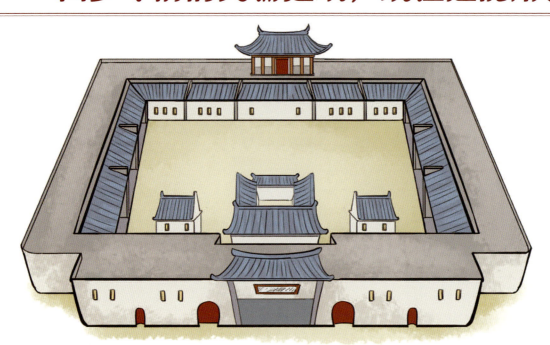

　　粮食储备是关系社稷安危的大事，历朝历代都非常重视粮仓建设和管理。清代建造的丰图义仓从选址、布局、建筑设计、储粮技术等方面展现了中华民族的智慧，被誉为"天下第一仓"。

❶ 仓储。丰图义仓的墙体极厚，便于维持恒温，又利用了各仓间相对的侧压力，使粮仓稳定安全，还节约了建筑材料。

❷ 布局。仓城的东西二门可以出入，粮食入仓城后沿环廊顺序作业，新粮存入、旧粮运出，并然有序。

❸ 防敌。仓城内可积粮、积草，有水井，可以屯兵；内城仓墙合一，兼具防御和仓储双重功能；城北仓楼则可以作为瞭望所，察看敌情。

❹ 防潮。整个粮仓的地基垫高了约30厘米，地板与地基之间有约40厘米的空间，形成自然的通风道。每个房间有4个风道口，防潮、透气的效果极佳。

❺ 防鼠。由于通风道相互连接，四通八达，猫可以在通风道内自由活动，解决了鼠害问题。

**读成语，记实词**

从：服从。

唯命是从：让做什么就做什么，绝对服从。

课文链接：小惠未遍，民弗从也。（《曹刿论战》，部编版九年级《语文》下）

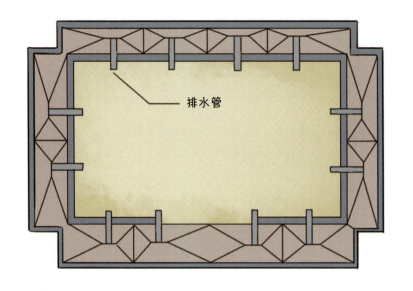

排水管

❻ 排水。仓顶由青砖铺成，共分成12个排水区域，每个区域四周高、中间低，巧妙地将雨水汇集于中间，再由12个内含U形槽的导水墙将雨水排向院内，院内雨水通过暗渠流向仓城外的排水沟。

排水管

❼ 防火。仓房由实心砖搭建，墙面也为非可燃物，完全符合防火要求。

❽ 恒温。由于设计合理，一年四季的仓温均能保持在17~18℃之间，达到了现代准低温储粮技术的水平。

臧冬冬——著　张扬——绘

# 古代科学实验室

## 古代人的学霸思维

四川科学技术出版社

图书在版编目（CIP）数据

古代科学实验室 . 古代人的学霸思维 / 臧冬冬著 ；
张扬绘 . —— 成都 : 四川科学技术出版社 , 2023.3
ISBN 978-7-5727-0903-6

Ⅰ . ①古… Ⅱ . ①臧… ②张… Ⅲ . ①科学史—世界
—少儿读物 Ⅳ . ① G3-49

中国国家版本馆 CIP 数据核字 (2023) 第 047986 号

# 古代科学实验室　古代人的学霸思维
## GUDAI KEXUE SHIYANSHI　GUDAI REN DE XUEBA SIWEI

| | |
|---|---|
| 著　　者 | 臧冬冬 |
| 绘　　者 | 张　扬 |

| | |
|---|---|
| 出 品 人 | 程佳月 |
| 责任编辑 | 张　琪 |
| 助理编辑 | 颜琦芮 |
| 封面设计 | 宋晓亮 |
| 责任出版 | 欧晓春 |
| 出版发行 | 四川科学技术出版社 |
| | 成都市锦江区三色路 238 号　邮政编码：610023 |
| | 官方微博：http://weibo.com/sckjcbs |
| | 官方微信公众号：sckjcbs |
| | 传真：028-86361756 |
| 成品尺寸 | 185 mm × 260 mm |
| 印　　张 | 6.75 |
| 字　　数 | 135 千字 |
| 印　　刷 | 三河市祥达印刷包装有限公司 |
| 版　　次 | 2023 年 4 月第 1 版 |
| 印　　次 | 2023 年 4 月第 1 次印刷 |
| 定　　价 | 88.00 元（全三册） |

ISBN 978-7-5727-0903-6

邮购地址：成都市锦江区三色路 238 号新华之星 A 座 25 层　邮政编码：610023
电　　话：028-86361770

# 目 录

明纬 暗纬

现代工业中用到的自动化技术，需要程序员先在计算机里编写一套程序，计算机控制的机器就会按照这套既定的程序来运行。可是你知道吗？我国古代也有这种依照已经编好的"程序"进行作业的机器，这就是"提花机"。

❶ 负责设计的"设计师"先在一张纸上画出图案，然后由工匠扮演"程序员"的角色，将图纸上设计的纹样按照一定的比例、在一个木制的格子里编结出来，即制作"花本"，这样"程序"就算"写"好了。

❷ 那么，如何执行这套"程序"呢？这就需要利用脚子线。它与织布机上的丝线连在一起，工匠只要拉动脚子线就可以提起对应的经线。

❸ 可不要以为这种"程序"很简单。提花机上的织物不仅色彩缤纷、图案复杂，还要分层。除了经线、纬线交织以外，纬线还分为两部分，明纬下面有一层暗纬，这样织物才有立体感。

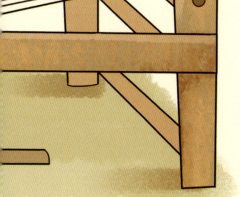

❹ 操作提花机至少需要两人：一人坐在三尺（约一米）高的花楼上，负责提脚子线；另一人在下面操作杆子配合。

3

# 古人的音阶只有宫、商、角、徵、羽吗？

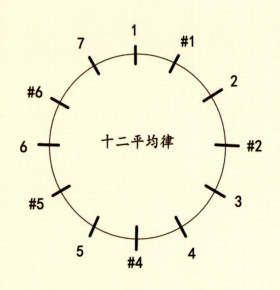

十二平均律

宫、商、角、徵、羽这五个基本音阶，是我们大家熟悉的，但这套定音方法并不是唯一的。明朝的朱载堉发明的另一套定音方法非常科学，达到了当时世界的领先水平。

这套定音方法叫十二平均律，又称"十二等程律"。一般我们将"1、2、3、4、5、6、7、1̇"记录的一个音程称为一个八度音，十二平均律把一个八度音平均分成十二个半音，即黄钟、大吕、太簇、夹钟、姑洗、仲吕、蕤宾、林钟、夷则、南吕、无射、应钟。

发明这套定音方法的朱载堉不仅懂音乐，还是一位数学高人。他可以用特制的81档双排大算盘将一个八度音进行等比数列计算。

## ◆◆— 朱载堉的十二平均律计算方法 —◆◆

| 古音名 | 计算方法 |
|---|---|
| 正黄钟 | 倍应钟÷倍应钟 |
| 倍应钟 | $\sqrt{倍南吕}$ |
| 倍无射 | 倍南吕÷倍应钟 |
| 倍南吕 | $\sqrt{倍蕤宾}$ |
| 倍夷则 | 倍林钟÷倍应钟 |
| 倍林钟 | 倍蕤宾÷倍应钟 |
| 倍蕤宾 | $\sqrt{倍黄钟}$ |
| 倍仲吕 | 倍姑洗÷倍应钟 |
| 倍姑洗 | 倍夹钟÷倍应钟 |
| 倍夹钟 | 倍太簇÷倍应钟 |
| 倍太簇 | 倍大吕÷倍应钟 |
| 倍大吕 | 倍黄钟÷倍应钟 |

十二平均律相邻各音间音程几乎完全相等，各音转换之间也没有不和谐的感觉，极大地拓展了乐曲的表现空间，增加了音乐的美感。

读成语，记实词

引：拉，拉开。

引吭高歌：放开嗓子大声歌唱。

课文链接：下车引之。（《陈太丘与友期行》，部编版七年级《语文》上）

# 古人对日食、月食有什么认识？

其实，古人很早就对日食、月食现象有比较科学的认识。

西汉的刘向已经认识到，日食现象是月亮挡在太阳与大地之间造成的。

东汉的张衡又进一步发现，当月亮进入大地的影子——"暗虚"中时，会发生月食现象。

东汉末年的刘洪首次提出：只有当日、月都位于黄道和白道交点某一距离范围之内时，日食、月食现象才有可能发生，这个距离范围叫"食限"。

这些古人的发现都和近代天文学理论相符。

　　北宋时期的科学家沈括已经意识到，地球与月亮有各自运行的轨道，日食现象从什么方向开始，与月亮的位置——也就是月相有关。这就解释了日偏食与日全食之间的区别。

　　沈括还发现，日食现象总是发生于月初，月食现象总是发生于月圆时，是因为太阳和月亮的轨道角度不同。东汉时许慎的《说文解字》里就有"日食则朔，月食则望"的说法，不过当时人们只是注意到了这种现象，而沈括却认识到了这种现象背后的道理。

　　可以说，古人对日食、月食现象的理解，还是比较科学的。

---

### 读成语，记虚词

则：那么，就。

盈则必亏：月圆的时候就是月缺的开始。形容物极必反。

课文链接：故木受绳则直，金就砺则利。（《劝学》，部编版高中必修《语文》上）

# 古人有什么好办法对付洪水?

　　黄河是中华民族的母亲河，但也是一条经常发生水灾的大河。汉朝时期，黄河下游的河道已经沉积了许多泥沙，形成了地上河，导致水灾频繁，民不聊生。东汉一位名叫王景的人被派来治理黄河，经过实地考察，他采取了以下办法:

① 修筑从荥阳到千乘入海口的千里堤坝，让黄河下游的河道变得稳定。

② 开辟新的引水道，并清理了阻挡河水的沙石、浅滩，改变了某些河段"地上悬河"的状况。

③ 利用多道水门，有计划地将黄河水引入汴渠，将黄河、汴渠分别治理。

别闲聊了！不然今天的活儿又干不完了！

这块石头还真是够硬的。

**读成语，记实词**

观：景象。

蔚为大观：丰富多彩，成为盛大的景象（多指文物等）。

课文链接：此则岳阳楼之大观也。（《岳阳楼记》，部编版九年级《语文》上）

# 什么？神话里竟然有圆规这种东西？

借助直尺和圆规，我们能很方便地画出标准的几何图形。你知道吗？这两种作图工具，在中国很早就出现了。

在唐代的《伏羲女娲图》中，伏羲执矩，女娲执规。神话中，他们是华夏文明的始祖。

规有两脚，一脚定心，一脚画圆，如同现代的圆规。

矩的两条边上面刻有刻度，短的一边叫"勾"，长的一边叫"股"，类似于现代的三角尺。

在6000多年前的半坡遗址中，已经出现了圆形地基，这么大面积的圆形，是否和使用最古老的圆规有关呢？至今仍是一个谜。

遗址还有许多圆口陶器，陶器上的纹饰也有很多方形和圆形，这些规整的图形可能与原始的规和矩有关。

共鸣是物体因共振而发声的现象，古人对共鸣的认识是逐渐深入的。

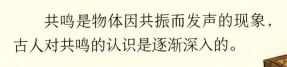

> 这不是闹鬼，是这两个琴弦谈得来！

董仲舒

> 不还是闹鬼吗？

❶ 《庄子》中提到，调瑟时弹奏宫、角等音，另一房间的瑟也会发出相应的宫音和角音。

❷ 西汉的董仲舒认为，共鸣是因为具有相同性质的物体会互相感应。

> 这不是闹鬼！把它敲掉一部分就不响了。

张华

> 不要吧！

> 咚！咚！

> 哇！

❸ 西晋的张华把共鸣的原理推广到了乐器之外。据传，当时宫殿前有一口大钟突然无故作响，张华解释说，这是蜀郡的铜山崩塌造成的，不久收到上报真有此事。另外，洛阳附近的一户人家，有一个铜盆早晚作响，张华认为是宫中早晚撞钟所致，将铜盆锉掉一些，铜盆便不再鸣响。这是通过改变物体的固有频率来消除共鸣。

咣！

吵死啦！

我要到皇上那儿去告你！

清静多了！

❹ 宋代的沈括设计了一种巧妙的实验方法。将小纸人固定在基音琴弦上，当拨动相应的泛音琴弦时，发生共鸣的基音琴弦上的纸人会跟着跳动。

此乃老夫独门绝技——隔空震纸人！

看！快看！动起来啦！

# 古人怎么计时？

不错！
分秒不差！

咔嚓！

❶ 日晷通常由晷针（指针）和晷面（有刻度的表盘）组成。太阳由东向西移动，投向晷面的晷针影子也慢慢地由西向东移动。于是，移动着的晷针影子（也称"表影"）像是现代钟表的表针，晷面则是钟表的表面，以此来显示时刻。

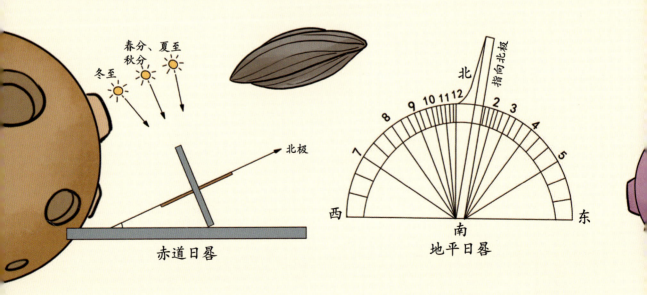

春分、夏至
秋分
冬至

北极

赤道日晷

北
指向北极

8 9 10 11 12
7                    2 3
                          4
西                          5
              南          东
地平日晷

❷ 古人还在实践中发明了地平日晷，适合低纬度地区。

❸ 日晷不仅能用来看时间，还能用来测量时间长度。从一年正午表影最长之日到下一年正午表影最长之日的时间长度，也就是两个冬至日正午之间的时间长度，就是一年的时间长度。

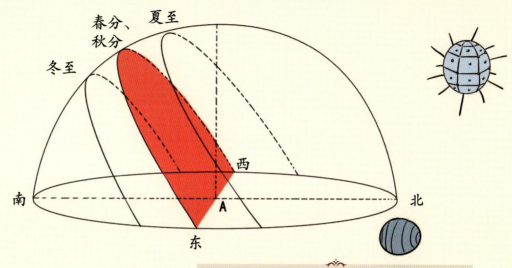

❹ 一年之中，夏至日的正午，表影最短；冬至日的正午，表影最长。

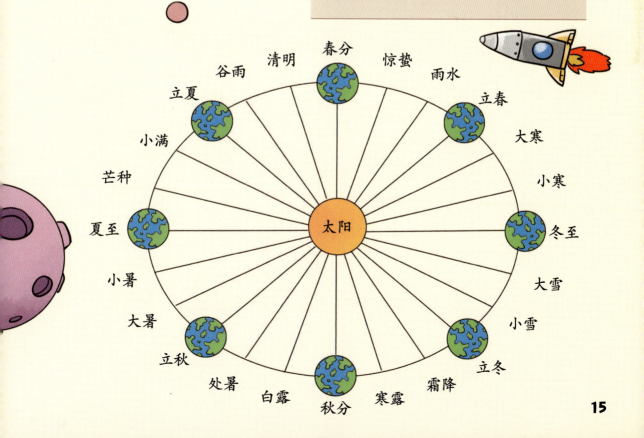

# 古代的"秒表"怎么用?

　　天气晴好的白天可以用日晷来判断时间，阴天和晚上没有太阳，那可怎么办呢? 古人为此发明了刻漏。宋代的莲花漏非常准确。

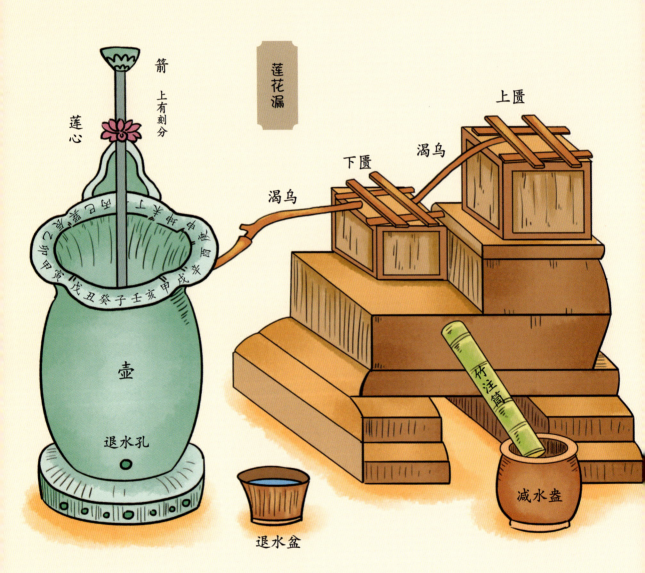

莲花漏

箭
上有刻分

莲心

莲

壶

退水孔

退水盆

下匮

渴乌

渴乌

上匮

竹注筒

减水盏

　　❶ 莲花漏有两个供水壶，分别叫"上匮"和"下匮"；接水的箭壶下面有小小的退水孔；箭壶上有铜制莲叶盖；莲叶盖中间有一朵莲花，上端饰有莲蓬的刻箭从莲花中心穿出。

❷ 上匦的水通过一个叫"渴乌"的细管流到下匦。下匦旁边有一个隐藏的溢水口，当水位升高时，多余的水从溢水口顺着节水小筒、竹注筒流出，从而保证下匦水位始终处于稳定状态，提高计时的精确度。

❸ 下匦的水由渴乌匀速注入箭壶。箭壶一边接水，一边从退水孔排水，壶中的水位慢慢升高。由于水的浮力，箭穿过莲心直线上升，箭身上有刻度，从刻度就可以看出是什么时刻了。

❹ 根据全年昼夜的长短差异，又制作刻度不同的48支刻箭，每一个节气时昼夜各更换一支，这样就更精确了。

　莲花漏后来失传，在元代被科学家郭守敬成功复原。

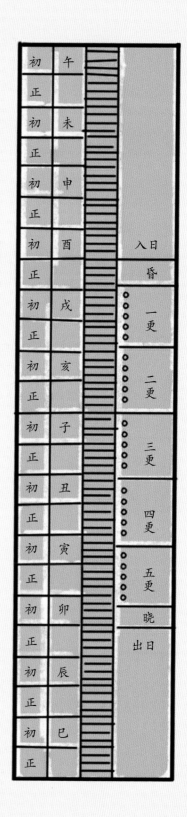

# 古代如何制作丝织品?

想做好看的丝织品，可得有点耐心，因为丝织品始于一颗颗小小的蚕茧。

❶ 把蚕茧丢在锅里煮，把煮散之后露出来的丝头挂在送丝杆上。转动送丝杆，将蚕丝线源源不断地抽出，缠绕在方形的竹框上。

❷ 在房间柱子上固定一个倾斜的小竹条，上面装一个半月形的挂钩，将蚕丝线悬挂在钩子上，工匠手中拿着绕丝棒旋转绕丝。

❸ 用纺车将几股蚕丝线合并成一股比较坚韧的生丝。

❹ 生丝经过加工后被分成经线和纬线，用织布机将这些经线和纬线横竖交叉，织成丝织品。

❺ 将丝织品投入热水中清洗之后迅速绷紧晾干，然后用力从头到尾全部刮过一遍，使它呈现光泽。

**读成语，记实词**

比：并列，挨着。

丝纷栉比：像丝一样纷繁，像梳齿一样排列。形容纷繁罗列。

课文链接：其两膝相比者。（《核舟记》，部编版八年级《语文》下）

可是，这种大型织布机不是人人家里都能买得起的，如果经济条件有限，就要用简单方便的腰机了。

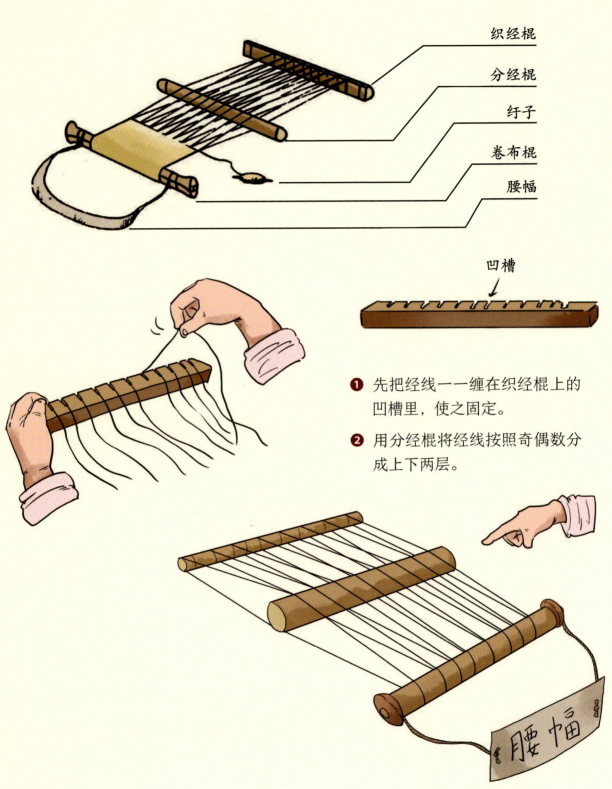

织经棍

分经棍

纤子

卷布棍

腰幅

凹槽

❶ 先把经线一一缠在织经棍上的凹槽里，使之固定。

❷ 用分经棍将经线按照奇偶数分成上下两层。

❸ 将纬线卷在纤子上。

❹ 纤子带着纬线在经线上
来回穿梭。

❺ 推动分经棍把编织的纱线
挤实拢紧。

完成

之所以叫"腰机"，是因为这种织布机构造简单，没有机架，只需要系在人的腰部，以人来充当架子。

# 古代就有"不倒翁"了?

　　故宫博物院里陈设着一种叫"欹器"的杯状容器,其设计巧妙地利用了重心和平衡等相关的力学知识,原理与现代的"不倒翁"差不多。其实,最早的尖底汲水瓶就是利用这种原理来汲水的。

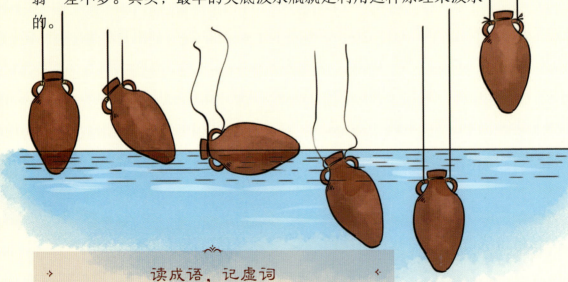

读成语,记虚词

若:如同。

虚怀若谷:胸怀像山谷那样深而宽广。形容十分谦虚。

课文链接:关山度若飞。(《木兰诗》,部编版七年级《语文》下)

❶ 故宫博物院的欹器状如插屏，在框架中央吊挂一个杯状容器，容器上大下小，双耳与框架内侧的针状轴衔接。

❷ 容器空着的时候，由于头重脚轻，就会不由自主地头往下栽，直到重力和支持力二力平衡，容器倾斜着静止下来。

❸ 往容器中加水，到上下质量一样时，重力和支持力二力平衡，容器竖立静止。

❹ 继续加水，容器头又越来越重，最后一头栽下去，将水全部倒出。

　　这种盛水器在春秋时期就置于庙堂之上，用于警示君王。欹器倾满之后就会翻覆过来，寓意："满招损，谦受益。"

# 古代的"天气预报"是什么样的?

我国是一个农业国家。很早以前,我国的劳动人民就开始总结和天气有关的规律了,在这方面有很多宝贵的经验。

你在说我吗?

谁这么缺德往墙上喷水啦?

❶ 地面流汗,天将大雨;
石壁出水,将雨数日。

❷ "天上鱼鳞斑,晒谷不用翻。"用现代气象学术语来解释,就是透光高积云预示着连续晴日。

谁把我们的鳞片弄到天上去啦?

❸ 用圆罂、竹器测量一年的降水量,来预测农业收成。

❹ 在空旷平坦的地方,竖立一根五丈高的杆子,杆顶悬挂用羽毛结成的一串长羽,根据长羽的方向来观测风向,并由扬起的程度估计风速的大小。

......

爷爷,别测了,船要沉了。

## 读成语,记实词

未:没有。
未雨绸缪:趁着天没下雨,先修缮房屋门窗。比喻事先做好准备。
课文链接:小惠未遍。(《曹刿论战》,部编版九年级《语文》下)

哇,好漂亮!

⑤ 除了观察天气，古人还懂得观察长期气候。首见于汉代《淮南子》中的节气名，至今仍在沿用。

| 立春 | 雨水 | 惊蛰 | 春分 |
| 清明 | 谷雨 | 立夏 | 小满 |
| 芒种 | 夏至 | 小暑 | 大暑 |
| 立秋 | 处暑 | 白露 | 秋分 |
| 寒露 | 霜降 | 立冬 | 小雪 |
| 大雪 | 冬至 | 小寒 | 大寒 |

# 古代的"计算器"长什么样？

从一数到十，这不难，从十再往下数，就成了两位数，这个规律叫十进位值制记数法，是现代世界通行的记数法。中国人一直普遍使用十进制来做算术。

远古时候，人们用草茎、小棍来记数。

后来发明了算筹。表示多位数时，个位用竖着的算筹来表示，十位用横着的算筹来表示……0用空位置来表示。

这样，个位用纵式，十位用横式，百位再用纵式……从右到左，纵横相间。

另外，还可以用不同的颜色或材质，把正负数区别开。

《旧唐书》记载，一品以下文官上朝的时候要带上一条毛巾和一个装有算筹的算袋，跟我们现在上班族人手一台电脑差不多。

后来，人们发明了珠算，珠算包括"硬件"和"软件"两部分。

硬件就是算盘。由框、档、梁和珠组成。梁上每珠代表数字"5"，梁下每珠代表数字"1"。

软件就是计算口诀和计算方法。要做到心到、口到、手到，三者配合，运珠如飞。比如，当下档上侧的算珠大于等于2时，要加3，就把上珠拨下来1珠，把下珠拨下2珠，这叫"三下五去二"。

明代数学书《算法统宗》收录了595个算盘计算的问题，还被译成多国语言，传到了日本、朝鲜等国。

# "两小儿辩日"，究竟谁赢了？

"两小儿辩日"是中国古代一个著名的故事，故事里的两个小孩围绕"早上的太阳近，还是中午的太阳近"争了起来。

一个小孩认为，早上的太阳离人近一些，中午的太阳离人远一些，因为早上的太阳大而中午的太阳小，如同一个物体远小近大。

亮的东西看起来更大！

这小鬼！

亮

另一个小孩观点正相反，他的理由是早上凉快中午热，远凉近热。

东汉的王充认为，中午太阳更近。早上太阳看起来大，是眼睛的错觉，亮度大的物体看起来更大。

嘿嘿！

云彩里的太阳会显得更大！

同时代的张衡也认为，早上太阳看上去大是亮度的原因。

后秦的姜岌通过月食来确定太阳的位置，证明太阳在早晨和中午的距离并未发生变化。他还认为，太阳早上发红，中午发白，是大气对光线的选择吸收造成的。姜岌的看法基本达到了现代科学的认知水平。今天我们知道，清晨阳光经过大气层的路径要长一些，受到的散射作用更强，所以会显得大一些。

---

**读成语，记实词**

方：正。

如日方中：事物正发展到十分兴盛的阶段。

课文链接：方欲行，转视积薪后。（《狼》，部编版七年级《语文》上）

# 古人是怎么认识"海市蜃楼"的?

古人常常在山东蓬莱附近的海面上看到隐隐约约的楼阁,他们给这种现象起了个美丽的名字叫"海市蜃楼"。对于海市蜃楼形成的原因,人们提出了四种说法。

**读成语，记实词**

市：集市。

海市蜃楼：原指海边或沙漠中，由于光线的反射和折射，空中或地面出现的蜃景。现多比喻虚幻的事物。

课文链接：东市买骏马。（《木兰诗》，部编版七年级《语文》下）

一是"沉物再现说"。由于沧海桑田的变迁，被埋入地下的城池，遇到合适的条件就在原地"重现"出来了。

二是"蛟蜃吐气说"。"蛟"是传说中的蛟龙，"蜃"是传说中的一种蚌蛤。它们吐出的气组成了这样的画面。

三是"风气凝结说"。认为海市蜃楼是自然的风和海上的气凝结而成。

四是"水汽映照说"。认为水汽与水性能一样，也能照出物来，被照出的物就是海市蜃楼。这一理论与其他说法相比，最为科学。

现在我们知道，海市蜃楼是一种光学现象。当光线穿过密度不同的空气时发生折射，就会把远处的景物映显在空中、海面或地面上，形成虚像。